**Brigitte Regitz**

# Auf die Plätze, fertig, herrenlos

**Katzen in Gerresheim von 2010 bis 2020**

Text: Brigitte Regitz
Fotos: Brigitte Regitz, Doris Brose, Birgit Hinrichs, Irene Voigtländer

Verlag: Bookmundo Direct

ISBN: 9789403604299

# Inhaltsverzeichnis

## Einleitung

Wer durch die Straßen und Parks oder über Friedhöfe wandert, sieht sie nicht, denn sie sind klein, scheu und verstecken sich: freilebende Katzen. Und sie leben auch im Stadtgebiet. Wer an Häuserzeilen auf dem Bürgersteig entlang geht, vermutet kaum, dass Hinterhöfe oft Zuflucht dieser Katzen sind.

Ihnen steht ein elendes und kurzes Leben bevor, wenn sie von niemandem bemerkt und nicht wenigstens mit Futter versorgt werden.

Wenn sie an ihren Aufenthaltsorten geduldet werden und regelmäßig Futter bekommen und einen Schlafplatz haben, der ihnen ermöglicht, den Winter zu überleben, geht es ihnen schon ganz gut. Werden sie auch noch tierärztlich versorgt, geht es ihnen sehr viel besser, aber bei weitem nicht so gut wir ihren Kollegen mit Zuhause, denn auch wenn sie im Laufe der Zeit zu ihren Betreuern Zutrauen fassen, freiwillig gehen sie nicht in einen Transportkorb, einfangen lassen sie sich nur schwer, und geholfen werden kann ihnen nur, wenn auch sie hin und wieder beim Tierarzt vorgestellt werden.

Diese Katzen sind die Nachkommen unkastrierter Kater und Katzen, die entweder ausgesetzt wurden oder aus einem Zuhause entwischt sind, auf der Suche nach einem Partner, mit dem sie sich paaren können. Die Katzenhalter wissen nichts von dem Nachwuchs, der eigentlich ihrer ist. Die nächste Generation wird dann herrenlos irgendwo in freier Natur geboren.

Viele Städte und Kommunen haben inzwischen ein Kastrationsgebot in Form einer sogenannten Katzenschutzverordnung erlassen, um diesen Kreislauf zu unterbrechen. Die nachfolgenden Seiten beschreiben die Aktivitäten einer Gruppe von Tierschützern, die freilebende Katzen betreuen und geben Einblick in die Lebensumstände freilebender, aber versorgter Katzen. Ort der Handlungen ist Gerresheim, ein Stadtteil von Düsseldorf.

## Wo und wie lebten die Katzen 2010 und wie wurden sie versorgt?

Im April 2010 meldete ich mich beim Katzenschutzbund in Düsseldorf, um beim Füttern herrenloser Katzen in Gerresheim mitzumachen. Dass daraus Jahre werden würden, ahnte ich nicht. Ich hatte nicht die leiseste Vorstellung vom Leben dieser Tiere als ich einen der späteren Kollegen traf, der mir die einzelnen Futterstellen zeigte.

Verteilt auf einem großen Areal, das überwiegend im Besitz der Stadt Düsseldorf war, die dort Grundstücke zu Bauzwecken aufgekauft hatte, gab es sieben Futterstellen mit Schlafhäusern. Darüber hinaus existierte noch eine Futterstelle auf dem Hinterhof eines bebauten Grundstücks in der Nähe.

Bruno (rechts) und Peter (links) an ihrem Futterhäuschen im Hinterhof

Die Katzen waren alle kastriert, und damit man das schon aus einiger Entfernung erkennen konnte, hatten sie eine Kerbe im Ohr, die ihnen der Tierarzt bei der Kastration machte, erfuhr ich. Rechtes Ohr = Kater, linkes Ohr = Katze. Allerdings sollte vor Ort ein „alter Mann“ sein, der im Gelände ein Zelt aufgeschlagen hatte, in dem er wohnte, und der unkastrierte Katzen hielt und strikt gegen die Kastration war.

Die Katzen bekamen einmal am Tag Futter, jeden Tag. Ich suchte mir den Dienstag aus und bekam einen Zettel in die Hand gedrückt, auf dem Namen und Telefonnummern von sechs weiteren Katzenbetreuern standen. Außerdem gab mir der Kollege ein Blatt, auf dem er die Katzen beschrieben hatte.

## Wie sahen die Futterplätze aus?

Die ersten Futterhäuser waren Plastikkisten, die auf die Seite gelegt worden waren. Darin sammelte sich allerdings der Regen, in dem die Katzen im Zweifelsfall standen. Und bei Regen tummelten sich Schnecken in den Kisten. Das war richtig ekelhaft. Aber: Der Kollege, der mich eingewiesen hatte, war inzwischen auf die Idee gekommen, Holzkisten von Ikea zu besorgen, mit Dachpappe zu ummanteln und so eine Art Vordach zu basteln.

Diese Futterhäuser standen auf einer Palette. Dadurch waren sie auf jeden Fall regensicher. Aber: Es gab immer wieder Ärger mit freilaufenden Hunden, die nichts lieber mochten als Katzenfutter und sich an die frei im Gelände stehenden Futterkisten heranmachten. Dass sie hätten angeleint sein müssen, interessierte die Hundehalter nicht. Und Verständnis für die Katzen hatten sie auch nicht. Die fanden sie einfach nur doof.

Als Schlafhäuser hatten die Katzen Styroporkisten, die außen mit schwarzer oder grüner Folie verkleidet waren. Innen befand sich Heu, das im Frühjahr und im Herbst gewechselt, also durch neues ausgetauscht wurde.

Eine dieser Katzen war Trinchen. Ihre Futter- und Schlafstelle war in dichtes Brombeergebüsch hineingeschnitten. Man musste ein wenig hineinkriechen, um an die Futterkiste zu gelangen. Beim Rauskriechen blieb ich immer in den Dornen hängen. Die Katze selbst war äußerst scheu. Ihr Schlafhaus habe gebrannt, erklärte mir der Kollege, und nun sei sie verstört.

Trinchens Platz befand sich nah einer Straße, neben einem Bauzaun, hinter den sie sich gern zurückzog. Tatsächlich hielt sie gehörigen Abstand, wenn ich zum Füttern kam. Um ihr Vertrauen zu gewinnen, bin ich vom Herbst an sonntags dorthin gefahren, habe oberhalb ihrer Futterstelle auf der Straße geparkt und bin dann um elf Uhr zu ihrem Futterhaus gegangen. Dort habe ich sie gerufen und ihr ein kleines, leckeres Schälchen Katzenfutter hingestellt.

Am dritten Sonntag hörte ich sie kommen. Sie machte ganz leise Geräusche, nur sehr schwer zu hören, aber so kündigte sie ihr Kommen an, und von da an wuchs das Vertrauen zu mir, sodass sie mir schließlich sogar ein Stängchen aus der Hand nahm, was die wenigsten draußen lebenden Katzen tun. Das ist ihnen nämlich zu viel Nähe.

Im Winter, der von 2010 auf 2011 Schnee brachte, was in unserer Gegend nicht so häufig vorkommt, konnte ich von der Straße aus eine Amsel beobachten, die an dem sonntäglichen Fütterritual teilnahm. Sie saß auf dem Ast eines kleinen Baums oberhalb der Futterstelle und wartete darauf, dass Trinchen fertig wurde, damit sie die Reste aus der Futterschale herauspicken konnte.

Hier sitzt eine Katze in einem Futterhaus. Wie man sieht, steht es auf einer Holzpalette. Dadurch bleibt es auch bei Regen trocken und ist relativ schneesicher.

Unten: Trinchen an ihrem Futter- und Schlafplatz neben dem Bauzaun

## 2011: Plötzlich Koordinatorin der Katzenversorgung

Im Frühjahr des Jahres 2011 legte der Kollege, der mich eingewiesen hatte, überraschend sein Ehrenamt nieder. Wir Anderen erfuhren davon über die Kopie einer E-Mail an den Vorsitzenden des Katzenschutzbundes, in der er auflistete, was alles nicht erledigt und somit zu tun war.

Die E-Mail endete mit dem Satz: „Jetzt verhungern so und so viele Katzen." Das kam für uns alle, die wir uns damals kaum kannten, nicht in Frage. Ich sprang in die Bresche und erledigte erst einmal die offenen Aufgaben. Das war ganz schön stressig, und eigentlich hatte ich nicht vorgehabt, in meinem Ruhestand eine Art neuen Beruf auszuüben, aber, die Tiere im Stich zu lassen, war für mich keine Option.

So stand ich beispielsweise von heute auf morgen im Wohnzimmer fremder Leute aus dem Haus neben der bereits von uns versorgten Futterstelle. Diese Leute hatten vor, in die Eifel zu ziehen, und wir sollten die Katzenversorgung „sofort" übernehmen. Nun war die Frage, wie wir denn auf das Grundstück gelangen könnten, auf dessen Hinterhof zwei Kater lebten. Mit der Telefonnummer des Vermieters kehrte ich nach Hause zurück. Wir sollten übers Mäuerchen klettern, sagte er mir, und damit war das größte Problem gelöst: Der Vermieter war mit der Katzenversorgung einverstanden.

Dann gab es auch noch acht Katzen, die in einer Schrebergartenanlage lebten. Ein älterer, zu dem Zeitpunkt schon verstorbener Mann hatte sich um diese Katzen, die auch kastriert waren, gekümmert. Nachdem ich die Telefonnummer seines Schwiegersohns hatte, konnte ich mit ihm telefonieren, aber es war schon alles „gelaufen". Er hatte kurzerhand alle Katzensachen weggeräumt, das Gartenhaus stand zum Verkauf, und er vertrat die Auffassung, dass die Katzen schon zurechtkommen.

Eine Meinung, die man häufig antrifft und die so furchtbar falsch ist. Die Katzen sind Haustiere, die auf die Versorgung durch den Menschen angewiesen sind, und sie mutieren nicht zu Wildtieren, wenn man sie sich selbst überlässt.

Monika und ich haben sich beim Gartenvorstand für eine Parzelle eintragen lassen, denn die, auf der die Katzen gelebt hatten, war bereits neu verpachtet. Es gelang dann aber der Frau, die bis dahin Futter für diese Katzen gebracht hatte, ihnen im Herbst eine unserer Futterstellen zu zeigen. Einige haben sich dort auch angesiedelt. Eine allerdings, Lucy, lebt weiterhin in der Schrebergartenanlage, springt über den Pillebach und hält sich dann an der Futterstelle auf. Sie dort anzusiedeln, ist uns leider nie gelungen. Nicht einmal die Aussichtstreppe, die wir extra für sie angebracht haben, hat sie dazu bewegen können.

Nachdem ich alles soweit wie möglich geregelt hatte, organisierte ich dann zum ersten Mal ein Treffen als Gruppe in einer Eisdiele, um uns alle kennenzulernen.

Lucy an der Futterstelle und im Vordergrund die Aussichtstreppe

Jetzt ohne Fleisch ist allerdings nicht ihr Motto

## 2011 mussten kranke Katzen versorgt werden

Den Anfang machte Bruno, der schwarze Kater auf dem Hinterhofgrundstück. Er hustete so dramatisch, dass ich sofort zum Tierarzt gefahren bin, um ihm Medizin zu besorgen. Eine Wohnungskatze würde man natürlich mit zum Tierarzt nehmen, um eine genaue Diagnose zu bekommen. Bei den freilebenden Katzen ist das aber unmöglich. Freiwillig gehen sie weder in eine Falle noch in einen Transportkorb, und bei dem schlimmen Husten des Katers durfte man keine Zeit verlieren.

Bruno bekam Tabletten, die gemörsert unter sein Futter verteilt werden mussten, zweimal am Tag. Morgens fuhr ich zu seiner Futterstelle und platzierte das erste Medizinfutter an seinem Schlafhaus. Bequemer konnte er es kaum haben. Für die Kollegen, die im Laufe des Tages kamen, stellte ich das nächste Medizinfutter in einer kleinen Plastikkiste mit Kühl-Akku neben die Futterkiste. Einmal wollte er das Futter allerdings nicht annehmen. Da hat der Kollege kurzerhand Thunfischfutter darunter gemischt, und schon fand Bruno das lecker. Auf Thunfisch fahren die meisten Katzen ab.

Brunos Husten war schnell verschwunden, und er hat sich danach auch nicht wieder erkältet. Allerdings hatte er zwei Jahre später eine Zahnsanierung nötig. Zum Einfangen wurde die Futterkiste benutzt. Inzwischen hatten wir vom Schreiner gefertigte Kisten, in denen die Katzen vor Wind und Wetter geschützt waren. Monikas Mann hatte mehrere davon so präpariert, dass man sie mit einem Metallbrett, das Luftlöcher und einen Griff hatte, schließen konnte.

Und Monika hatte auch das große Auto, das zum Transport einer solchen Kiste erforderlich war. Zusammen mit Silvia fing sie Bruno in der Futterkiste ein, und dann schleppten sie die schwere Last zu Monikas Auto, um zum Tierarzt zu fahren. Dort ist Bruno sogar ein Zahn vor der Behandlung ausgefallen. Nach der Behandlung hatte er keine Zähne mehr, fühlte sich aber offenbar besser als vorher, denn er wurde zutraulicher. Ja, es ging sogar so weit, dass er fauchte, als ich ihm einmal zuerst Trockenfutter in die Futterkiste stellte, während er neben mir wartete. Von da an war die Reihenfolge klar: immer zuerst Nassfutter für den Zahnlosen.

Im Laufe des Sommers lief Tigerchen auf einmal auf drei Beinen und hielt das vierte hoch. Beim Tierarzt wurde ein Kreuzbandriss diagnostiziert. Nun gab es nur zwei Möglichkeiten: Entweder bekam die Katze, die an der Futterstelle sehr zutraulich war und sich auch streicheln ließ, ein Zuhause, oder sie hätte eingeschläfert werden müssen.

Letzteres wollten wir auf keinen Fall, und da ich zu der Zeit keine Katze hatte, wollte ich sie aufnehmen. Wegen der hohen Operationskosten führte Norbert die Verhandlungen mit dem Tierarzt, dem Vorsitzenden des Katzenschutzbundes, und im Hintergrund waren wir uns einig, dass wir uns soweit nötig an den Kosten beteiligen würden. Und das taten wir dann auch nach der OP bei den dann noch angefallenen Kosten.

Direkt nach der Operation kam Tigerchen zu Monika und Norbert, die in ihrem Haus einen Raum freigeräumt hatten, damit die Katze auf keinen Fall auf irgendetwas springen konnte. Und am 15. August 2011 war es dann soweit. Sie brachten mir Tigerchen. Die Katze blieb abwartend am Couchtisch sitzen und beobachtete uns. Und dann folgte eine lange Zeit, in der sie sich unter einem Schrank im Flur versteckte, abends erst gegen 20 Uhr herauskam und sofort hinter die Couch lief.

Sie hatte Angst. Den Fernseher musste ich ausgeschaltet lassen, um sie nicht noch weiter zu erschrecken. Während sie hinter der Couch saß, sprach ich mit ihr. Das hat sie offenbar als Zuwendung empfunden, denn später, als sie sich eingewöhnt und Vertrauen gefasst hatte, schnurrte sie sofort, wenn ich mit ihr sprach. Aber bis dahin war es ein sehr sehr langer Weg. Eine freilebende Katze versteht keineswegs, dass man es mit ihr gut meint, wenn man sie aus ihrem Revier in eine häusliche Umgebung bringt, die ihr fremd ist. Wer von uns würde schon im schönsten Palast mit allem Komfort und Bediensteten bleiben wollen, wenn er dahin entführt würde?

Tigerchen 2010 an ihrem Futterplatz und 2013 bei mir auf dem Balkon und unten auf ihrer Balkonwiese

## 2012 begann die Verlegung von Trinchens Futterstelle

In dem Jahr musste die Futterstelle der Katze Trinchen ein Stück verlegt werden, weil Riesenbärenklau auf dem Weg dorthin hochwuchs. Futter- und Schlafhaus befanden sich direkt neben dem Bauzaun eines zur Bebauung ausgeschriebenen und inzwischen auch bebauten Grundstücks.

Da Katzen ein Territorialverhalten haben und, wenn irgend möglich, ihr Revier nicht verlassen, haben wir ihren Futter- und Schlafplatz danach noch mehrfach „verschoben“, um weg von dem Baugrundstück zu kommen.

Nachdem Trinchen einige Zeit gehabt hatte, sich an den neuen Futterplatz zu gewöhnen, wurde die nächste Etappe in Angriff genommen. Jetzt galt es, einen Fußweg, der zeitweise als Umleitung für Autos genutzt wurde, zu überqueren und in das Brombeergebüsch gegenüber einen Platz für die Katze hineinzuschneiden, denn sie befand sich immer noch auf dem zum Bau ausgeschriebenen Grundstück.

Norbert, Udo und die Kettensäge leisteten hervorragende Arbeit, und so konnten Futter- und Schlafhaus zu Trinchens neuem Platz gebracht werden, und dann bangten wir, ob sie den denn auch annehmen würde. Denn während wir vor Ort waren, ging sie dort nicht hin. Wir stellten Futter hin und hofften, dass die leere Futterschale bedeutete, dass es Trinchen war, die sie leer gemacht hatte und nicht etwa ein Hund. Aber um das zu verhindern, versahen wir den Eingang mit einem Scherengitter als Tor.

Danach haben wir das neue Gehege noch weiter „möbliert“. So bekam Trinchen eine kleine Treppe, ein neues Holzschlafhaus, und als alles fertig war, habe ich sie gerufen und wir sind gemeinsam zu ihrem neuen Gehege gegangen. Tatsächlich folgte sie mir „bei Fuß“. Ich musste stehenbleiben, um mich zu vergewissern, dass kein Auto kam, als wir den Weg, der zeitweise als Umleitung diente, überquerten, und Trinchen blieb dann auch stehen. Das Vertrauen, das sie inzwischen zu mir hatte, half, sie „mitzunehmen“, obwohl sie nicht verstand, warum wir diesen Umzug durchführten. Wie sollte man einem Tier Zukunftsplanungen verständlich machen?

Dann aber hat es nicht mehr lange gedauert, bis Trinchen an dem neuen Platz heimisch wurde. Im Sommer lag sie gern auf dem Elektrohäuschen, das sich im Gebüsch versteckt hatte. Durch die Blätter eines Baumes konnte sie dort quasi unsichtbar liegen, hatte aber einen guten Rundumblick.

Wenn ich zur Fütterung kam und gegenüber ihrem Gehege parkte, stand sie meist schon davor, sobald ich den Kofferraum geöffnet hatte und trieb mich mit schnatternden Geräuschen an. Es wurde dann zu einer Art Ritual, dass ich ihr erst einmal ein Stängchen hinhielt, das sie behutsam aus meiner Hand nahm. Wenn sie es verspeist hatte, ging sie wieder in ihr Gehege, und dann durfte ich hinter ihr hergehen und den Futterplatz zurechtmachen.

Trinchen an ihrem neuen Futter- und Schlafplatz, links das neue Holzschlafhaus und vor dem Elektrohäuschen, an dem noch keine Treppe angebracht ist, die neue Holzfutterkiste, die vom Schreiner gefertigt wurde, und in der sie vor Regen und Schnee geschützt war.

Unten: der Platz auf dem Elektrohäuschen

## Zusammenlegung von Futterstellen

Wir legten mehrere Futter- und Schlafstellen auf dem privaten Grundstück zusammen, auf dem sie sich bis dahin einzeln befanden. Das war relativ schnell gemacht, aber dann gab es immer wieder ein großes Gekreische. Einem großen schwarzen Kater namens Tony passte es nicht, mit mehreren Katzen einen gemeinsamen Futterplatz zu teilen.

Einmal sah ich die Katze Schneeflöckchen vor ihm flüchten, während er nach ihrem Fuß schnappte, in den er offenbar beißen wollte. Später rächten sich die Katzen an ihm. Er humpelte eines Tages, hatte sich wohl einen Fuß versprungen. Wir stellten eine Falle hin, an die er sich gewöhnen sollte, damit wir ihn zum Tierarzt bringen konnten und bauten ihm eine Art Rampe in ein Futterhaus.

Aber: Auf einmal saßen die Katzen mit dem Kopf nach draußen in den Futterhäusern und ließen Tony nicht rein. So gemobbt, musste er draußen versorgt werden. Als wir ihn dann schließlich einfangen wollten, lief er wieder ganz gut, und dann haben wir ihm den Stress, der mit dem Einfangen verbunden ist, erspart. Und das war gut so, denn kurz danach sah man ihn wieder mitten auf dem Spazierweg einher laufen, als gehörte der ihm ganz alleine. Angst vor Hunden? Keine Spur.

## Wir bekommen Frechdachs und Nero dazu

Im Jahr 2012 übernahmen wir zusätzlich die Versorgung der Katze Frechdachs und des Katers Nero. Beide lebten auf dem privaten Grundstück wie unsere Katzen, aber etwas von unserer Futterstelle entfernt.

Sie wurden bis dahin von einer älteren Dame, die in der Gegend wohnt, mit Futter versorgt. Die Frau musste sich einer Operation unterziehen, und unser Einsatz sollte nur vorübergehend sein, aber es kam anders.

Die Dame rutschte im Winter, als sie wieder einigermaßen auf den Beinen war, auf Glatteis aus und brach sich ein Bein. Bei der Operation zog sie sich einen Krankenhauskeim zu, musste erneut operiert werden und kam dann nicht mehr richtig ans Laufen. Um zu der Futterstelle zu gelangen, muss man am Anfang eine steile Stelle überwinden. Das schaffte sie nicht mehr. Mittlerweile benutzt sie einen Rollator.

Frechdachs und Nero waren beide kleinwüchsige schwarze Katzen mit etwas weiß, die sich so gut verstanden, dass sie sogar gemeinsam eines der großen grünen Schlafhäuser benutzten, wie wir beim Heuwechsel sehen konnten.

Doch eines Tages verschwand Nero von diesem Futterplatz und tauchte an einem anderen auf. Im Nachhinein ist klar, warum. Er war da schon krank und mit Frechdachs zu spielen, war für ihn keine Freude mehr, sondern eine Last.

Später sahen wir, dass er dünn geworden war und versuchten, ihn für den Tierarzt einzufangen. Das war mit einer Falle nicht möglich, da er die kannte und auf keinen Fall dort hineinging, und so versuchten wir, ihn in der Futterkiste festzusetzen. Da er recht zutraulich und arglos war, dachten wir, dass das gelingen könnte, aber Katzen scheinen durch den kleinsten Schlitz durchzukommen. Mit vor die Öffnungen der Futterkiste gehaltenen Pappen gelang es nicht.

Schließlich versah Norbert auch diese Kiste mit allerlei Haken und Ösen, und mit dem Metallbrett mit Luftlöchern und einem Griff, das daran befestigt werden konnte, schafften wir es, zu dritt. Monika hielt das Metallbrett vor die Eingänge der Futterkiste und befestigte es, während Nadine und ich hinter der Kiste standen, um sie festzuhalten, denn der kleine Kater tobte mit unglaublicher Kraft in der Kiste.

Die Hoffnung, ihn am nächsten Tag vom Tierarzt wieder abholen zu können, erfüllte sich leider nicht. Er hatte in einem Ohr einen Tumor, und da war nichts mehr zu machen. Deshalb war er auch so dünn geworden.

Zu dem Zeitpunkt war er 13 Jahre alt. Die Frau, von der wir die Versorgung von Frechdachs und Nero übernommen hatten, wusste wie alt er war. Sie kannte fast jede Katze dort. Von Frechdachs wusste sie zu berichten, dass die Katze noch zwei Geschwister hatte, eine hatte sie selber bei sich aufgenommen, ein Bruder lebte bei einem Nachbarn. Für Frechdachs hatte sie auch jemanden gehabt, der aber dann absagte. Leider hat sie Frechdachs dann nicht ins Tierheim gebracht, sondern in der Wildnis versorgt.

Frechdachs kam mit dem Alleinsein zuerst nicht gut zurecht. Sie tauchte an einer anderen Futterstelle auf, ließ sich da aber nicht ansiedeln. Das Schlafhaus, das wir ihr hingestellt hatten, nahm sie nicht an, kam aber fortan zu dieser Futterstelle, wenn sie hörte, dass jemand von uns da war.

Mit einer der dort ansässigen Katzen zankte sie recht böse. Sie setzte sich oben auf die Futterkiste und ließ die Katze nicht rein, sondern schlug nach ihr. Für uns hingegen war sie eine richtige Freude. Sie lief vor uns her, wenn wir zu ihrem Futterplatz gingen, wälzte sich vor Freude auf dem Weg, und dann ließ sie sich gern von Silvia das Fell bürsten und nahm sofort auf dem „Friseur-Stein“ Platz, wenn sie sie sah.

Das ging die nächsten Jahre so weiter. Dann aber, in dem extrem heißen Sommer 2019 riss sich Frechdachs trotz Silvias Fellpflege ihr Unterfell in Fetzen aus. Es lag überall in ihrem Gehege herum. So dachten wir, dass sie womöglich einen Pilz haben könnte, und eines Tages haben Monika und ich sie „eingefangen“.

Wir haben einen ganz normalen Transportkorb mitgebracht, und als sie davor stand und uns den Rücken zudrehte, schubste Monika die arglose Katze dort hinein, und schon waren wir unterwegs zum Tierarzt. Dort wurde kein Pilz festgestellt, ihre Blutwerte waren in Ordnung und ihre Zähne immer noch wie weiße Perlen ohne jeden Zahnstein. Sie ist dann ordentlich gebürstet und vom überflüssigen Unterfell befreit worden.

Wir holten sie wieder ab, ließen sie in ihrem Gehege raus und freuten uns, dass sie gesund war. Die Freude dauerte aber nur bis zum 21. Juli 2019. An dem Tag hatten wir über 38°. Tags darauf war Frechdachs nicht mehr da. Suchen, Rufen, Hoffen, dass sie wieder auftaucht, haben nichts genützt. Frechdachs blieb spurlos verschwunden. Die große Hitze war offenbar zu viel für sie, die uns immer so viel Freude bereitet hatte. Sie ist 13 Jahre alt geworden, genau wie Nero.

Oben: Nero und Frechdachs – auf dem „Friseur-Stein“

Unten: Frechdachs und Nero auf und in den alten Futterkisten

## 2013 gab es einen behördlichen Überfall mit positiven Folgen

Es kann der Beste nicht in Frieden leben, wenn es dem bösen Nachbarn oder einer „Plaudertasche“ nicht gefällt. Die nämlich hatte am Freitag, dem 22. Februar 2013, beim Ordnungsamt angerufen und dort den Eindruck erweckt, wir betrieben eine Katzenzucht, gegen die unbedingt etwas unternommen werden müsse.

Und so gab es am Dienstag, dem 26. Februar 2013, eine Wegwerf-Aktion, für die ein Dreier-Team des Ordnungsamtes zwei AWISTA-Teams mit Müllfahrzeugen beauftragt hatte, Futter- und Schlafhäuser einzusammeln und wegzuwerfen. Laut telefonischer Information an mich durch den Vorstandsvorsitzenden des Katzenschutzbundes sollten angeblich Sachen des „alten Mannes“ entsorgt werden.

Mit zwei weiteren Kollegen konnte ich vor Ort erscheinen, sodass wir das Schlimmste verhindern konnten: Wir erreichten nämlich, dass die AWISTA-Mitarbeiter sich weigerten weiterzumachen. Einige Schlafhäuser waren schon auf dem Müllwagen. Die AWISTA-Männer gaben auch die mit meiner Telefonnummer versehene erste vom Schreiner gefertigte Futterkiste wieder heraus, für die ich zweihundert Euro bezahlt hatte.

Tatsächlich war von Sachen des „alten Mannes“ keine Rede. Vielmehr gab der Teamleiter immer wieder an, nur die großen grünen Kisten seien erlaubt (vom Veterinäramt). Zur Klärung konnte er das Veterinäramt telefonisch nicht erreichen. Es lag eine technische Störung vor. Mit einem Rechtsgrund für die ganze Aktion rückte niemand heraus, und die tatsächliche Katzenzucht, wenn man das Treiben des „alten Mannes“ so nennen will, hat jahrelang weiter stattgefunden, bis er die Katzen gesundheitsbedingt sich selber überlassen, also praktisch ausgesetzt hat.

Noch am Nachmittag des 26. Februar habe ich den Grundstückseigentümer angeschrieben, die Angelegenheit geschildert und um die Erlaubnis gebeten, auf dem Grundstück die Katzen versorgen zu dürfen. So kam es am 11. Juli 2013 zu einer Ortsbesichtigung und der Erlaubnis, eine sogenannte Katzenpflegestelle auf dem Grundstück der Gerresheimer Glas zu betreiben und auch Pflanzungen vorzunehmen. Bis dahin fütterten wir an der Futterstelle „an der roten Bank“ heimlich, damit die Katzen nicht verhungerten. Erfroren wären sie auf jeden Fall, denn es folgte im Februar nach der Wegwerf-Aktion eine strenge Winterkälte, die sie ohne Schlafhäuser nicht hätten überleben können.

## Einrichtung der Futter- und Schlafstellen

Nach der Ortsbesichtigung in 2013 wurde zuerst die „heimliche“ Futterstelle an der roten Bank eingerichtet, zu der wir nach dem „Überfall“ durch das Ordnungsamt hingeschlichen sind, um möglichst nicht gesehen zu werden. Die Angst, dass doch wieder alles weggenommen und fortgeworfen würde, war groß.

Zunächst wurde ein Sichtschutz aus Kirschlorbeer gepflanzt. Monika hatte einige Pflanzen besorgt, die aus ihrem Kofferraum mit ihrer Sackkarre an die Pflanzstelle gebracht wurden.

Leider mussten wir feststellen, dass ein Sichtschutz nicht vor gefräßigen Hunden schützt, deren feine Nase das Katzenfutter erschnüffelt. Dabei waren die Vorstellungen mancher Hundehalter, die ihre Hunde eigentlich angeleint hätten führen müssen, äußerst bizarr. Eine Frau fragte, ob wir die Futterstelle nicht verlegen könnten, weil ihr Hund von dem Katzenfutter zu dick würde...

Später haben wir die Futter- und Schlafhäuser mit einem gebraucht erworbenen Bauzaun umgeben und mit einem von Monika gefundenen Metall-Zaunteil als Tor versehen.

Und entlang dem Bauzaun stehen inzwischen neun Schlafhäuser, sozusagen als Reihenhaussiedlung, darunter auch zwei große grüne aus der Schreinerei einer JVA. Unter „knastladen.de“ kann man online Produkte anschauen oder bestellen. Nach einem Bericht im Fernsehen hatte ich dort angefragt, ob sie uns Schlafhäuser für Katzen schreinern würden, und wir haben uns dann auf die Anfertigung von vier Schlafhäusern verständigt, die uns ein JVA-Mitarbeiter mit mehreren Insassen eines Tages brachte. Als Fracht wäre die Sache viel zu teuer geworden, und wie hätten wir die großen Kisten transportieren sollen?

Vorbereitungen für die Futterkisten und der Bauzaun, noch ohne Schlafhäuser dahinter – unten: das Fahrzeug, mit dem die grünen Schlafhäuser gebracht wurden

## Füchse und Dachse verschaffen uns Arbeit

Was wir da noch nicht wussten: Die im Gelände lebenden Füchse kamen gern zu den Futterstellen, wo sie die Zeitungen aus den Futterhäusern zogen, die dann zerrissen umherlagen. Für junge Füchse waren diese Zeitungen ein willkommenes Spielzeug, und die Eltern zogen sich auf die Art die Futterschüsseln heran, fassten sie zwischen die Zähne und trugen sie von dannen, um an einer anderen Stelle die Reste zu picknicken. Fuchs, du hast die Schüssel gestohlen ...

So versuchten wir, die Eingänge zu den Futterhäusern durch Holzleisten zu verkleinern, aber genützt hat es nichts. Später gesellten sich noch Dachse hinzu, die zwar problemlos in die Futterhäuser kamen, aber auch Gefallen an den Zeitungen fanden, genauso wie Elstern. Man könnte fast auf den Gedanken kommen, die Tiere wären insgeheim Zeitungsleser.

Die Dachse haben sich etwas besonders Schlaues ausgedacht: Sie haben angefangen, an der Ecke einer Palette, auf der ein Futterhaus steht, zu graben. Wäre doch schön praktisch, wenn man aufsteht und sofort Reste aus Futterschüsseln schlecken könnte, oder? Aber da müssen wir ihnen leider immer wieder einen Strich durch die Rechnung machen und auf das Grabeloch Steine legen. Große, schwere Steine, leichte kicken sie nämlich einfach weg.

Inzwischen haben wir aber auch ein großes, neues Eingangsloch in der Nähe der Futterstelle entdeckt. Da sollen sie dann mal weiter graben.

## 2014

## Trinchen braucht von jetzt auf gleich einen Schutzzaun

Im Dezember 2014 wurde ich morgens von einer Hundehalterin angerufen, dass die Stadt das Brombeergebüsch abholzen ließ. Sie holte mir den Verantwortlichen ans Telefon, der mir hoch und heilig versprach, das Gebüsch um Trinchens Platz herum stehenzulassen. Ich bin dann hingefahren, und er hat es mir persönlich versprochen, und tatsächlich, am nächsten Tag war der Katzenplatz noch von Brombeergebüsch umgeben.

Aber nicht mehr lange. Tags darauf wurde „nachgearbeitet". Innerhalb einer Stunde standen Futter- und Schlafkiste im Freien, und Trinchen hatte sich an ihren alten Platz zurückgezogen. Da hatte der Chef wohl ein Machtwort gesprochen.

Nun hieß es, in Windeseile einen Schutzzaun für die Katze zu bauen. Udo besorgte das Zaunmaterial beim BAUHAUS. Monika ist dreimal zum BAUHAUS gefahren, um Strohmatten zu kaufen. Es hatte sich so schlecht einschätzen lassen, wie viele wir brauchten. Und es war kalt und regnete in Strömen. Wir standen bis zu den Knöcheln im Schlamm, aber irgendwann war es geschafft.

Später haben wir den Zaun, der die Strohmatten hält, immer wieder besser befestigt, dann hat Monika innen Kirschlorbeer gepflanzt, Silvia und ich haben vergeblich versucht, im Frühjahr von außen rundherum Sonnenblumen zum Keimen zu bringen, und schließlich sind die Brombeeren im Sommer wieder hochgewachsen.

## Eine Grundstückseigentümerin verstirbt

Im Laufe des Jahres verstarb die Eigentümerin eines Grundstücks, auf dem sich 2010 noch zwei Katzen befanden. 2014 lebte dort nur noch eine Katze, Bienchen. Der Kater hatte vorher eingeschläfert werden müssen, weil er einen Tumor hatte. Die Erbin gab an, sehr tierlieb zu sein, dann aber machte sie der Katze jeden Quadratzentimeter streitig. Das arme Tier durfte noch nicht einmal in einem Kuschelhaus auf der alten Bank sitzen, die im sehr ungepflegten Hinterhof stand.

So habe ich dann das Kuschelhaus auf die Futterkiste geklebt. Aber da ist Bienchen nie reingestiegen. So ist das aber oft. Die Erben nehmen gern die finanziellen Vorteile der Erbschaft, aber die Verpflichtungen wollen sie nicht haben. Die schon sehr alte Katze war irgendwann verschwunden, und man kann nur hoffen, dass sie an Altersschwäche gestorben ist und nicht leiden musste.

## Die Futterstelle an der Treppe

## bekommt zuerst Kirschlorbeeren und dann einen Zaun

In diese Futterstelle drangen immer wieder freilaufende Hunde ein, um sich über das Katzenfutter herzumachen. Waren es große Hunde mit großen Köpfen, so hatten sie Schwierigkeiten, die wieder aus den Futterkisten herauszuziehen und zerrten dann solange, bis sie die Kisten von den Paletten gerissen hatten. Am nächsten Tag fanden wir dann eine regelrechte Verwüstung vor.

Nun hatten wir das Glück, 22 Kirschlorbeerpflanzen geschenkt zu bekommen. Da der dortige Boden voller Baumwurzeln ist, war an ein normales Einpflanzen nicht zu denken. Birgit, Udo und ich fuhren also zum BAUHAUS und kauften Pflanzringe und Erde, mit denen wir die Kofferräume unserer Autos beluden.

Vor Ort mussten diese Pflanzringe erst einmal an die Futterstelle geschleppt werden, und dann ging es an die Pflanzarbeit. Als wir fertig waren und unsere „sieben Sachen" einsammelten, um zu gehen, ertönte auf einmal eine Art Gesang. Da saß die Katze Mimi, die uns genauestens beobachtet hatte und brachte uns ein Ständchen. Offenbar wusste sie genau, dass wir für sie und ihre Kollegen gearbeitet hatten und bedankte sich dafür.

Ihr Spitzname war übrigens „Platzwart", denn was immer wir dort taten, sie war dabei und beobachtete alles ganz genau. Einmal hat sie die Brötchentüte von Silvia angeknabbert, die aus einer Tasche, die auf dem Boden lag, herausgerutscht war.

Platzwart Mimi

## Wir fangen 22 Katzen ein, aber nicht auf einen Streich

In einer kleinen Siedlung in Gerresheim hausten unkastrierte, herrenlose Katzen und Kater auf einem unbewohnten Grundstück in einem Schuppen und benutzten die Nachbargärten als Klo, was die Besitzer sehr ärgerte. Nachdem wir davon erfahren hatten, begannen wir im Juni mit dem Einfangen und hatten es nach dreieinhalb Monaten geschafft, die zehn erwachsenen Katzen und Kater kastrieren zu lassen und die 12 kleinen Katzen zur Vermittlung in ein Zuhause ins Tierheim zu bringen.

Den Schuppen trafen wir in einem geradezu katastrophalen Zustand an. Die Katzen hatten auch ihn als Toilette benutzt. Was für ein Gestank kam uns da entgegen! Und selbst die kleinen Katzen waren schon schlauer als uns lieb war.

Einmal warteten wir darauf, dass endlich eine in die Falle ging, während sie sich drinnen über eine Tüte Trockenfutter hermachten, wie wir später feststellen mussten. Tüten aufzureißen war für sie mit ihren kleinen scharfen Krallen kein Problem.

Ein anderes Mal beobachtete uns eine kleine Schwarze aus dem Fenster, aus dem wir die zerbrochenen Scheiben entfernt hatten. Da hatten wir über drei Stunden umsonst und unbequem auf dem Vorsprung einer Garteneinzäunung gewartet. Aber schließlich konnten wir doch auch die Letzten überlisten, in die Falle zu gehen.

Wir nahmen uns die Entrümpelung des Schuppens vor, hatten einen Sperrmülltermin ausgemacht, und danach machten wir sauber und richteten die Hütte für die Katzen ein, die ihre frische, nicht mehr stinkende Unterkunft sofort angenommen haben und seitdem die Katzenklos benutzen, die wir ihnen auch zur Verfügung gestellt haben.

Allerdings sind nicht alle Katzen dageblieben. Bei einem Unwetter, das kurze Zeit später stattfand, sind einige in eine nahegelegene Schrebergartensiedlung geflüchtet und nur vier zurückgekommen. Sie werden jetzt auf zwei Grundstücken versorgt, wo sie auch Schlafhäuser haben. Wir wechseln zweimal im Jahr das Heu und säubern alle zwei Wochen die Katzentoiletten, die immer noch auf dem Schuppen-Grundstück stehen, das wohl irgendwann einmal bebaut werden wird.

Die Nachbarn, auf deren Grundstücken sie versorgt werden, kümmern sich vorbildlich um die Katzen und achten auch darauf, ob die Tiere Zeichen von Erkrankung zeigen, denn füttern allein genügt nicht. Und so wurde im Frühjahr 2020 eine dieser Katzen eingefangen, sodass ihr der Tierarzt Zähne ziehen konnte.

Danach war sie allerdings etwas beleidigt und hat sich nach dem Freilassen zwei Tage lang auf das Schuppengrundstück zurückgezogen. Zur Fütterung ist sie aber beim Nachbarn erschienen, und inzwischen wohnt sie da auch wieder und lässt sich sogar streicheln.

Der alte Schuppen, davor die Einfangfalle und unten vor und nach unserer Entrümpelung

## Smillo taucht auf

Zuerst erzählte mir eine Frau, dic in der Nähe unserer Futterstellen wohnt, es würde eine schwarze Katze im Gelände nahe Trinchens Gehege umherlaufen. Es dauerte nicht lange, bis wir sie dann auch sahen.

Nachdem wir erkannt hatten, dass sie eine Kerbe im Kater-Ohr hatte, vermuteten wir, dass sie zu der Gruppe Katzen gehörte, die wir in der kleinen Siedlung Monate zuvor eingefangen hatten.

Wir nannten den schwarzen Kater Smillo und fütterten ihn fortan gleichzeitig mit Trinchen. Außerdem stellten wir ihm ein Schlafhaus hin, das er sofort bezog.

Zu Anfang irritierte er uns arg: Wenn er satt war, lief er weg und begann dann laut zu miauen. Später lernten wir aber, dass er halt gerne und viel „spricht“. Und wenn er so aus dem Gebüsch heraus maunzte, stand so manch einer davor und sprach mit ihm. Smillo antwortete immer.

Ich erinnere mich an einen Tag, an dem ich mit meiner Kollegin Silvia an dieser Futterstelle noch etwas arbeiten wollte. Deshalb beschlossen wir, zuerst die anderen Futterplätze zu versorgen, und so kamen wir mit einer großen Tüte Müll zurück, die wir in den Kofferraum meines Wagens legten, der gegenüber dem Gehege parkte. Da ging ein riesiges Geschrei los. Smillo saß im Eingang der Futterstelle und machte richtig Alarm. Er dachte wohl, dass wir jetzt wegfahren würden, ohne dass er Futter bekommen hat. Schließlich kam er sogar zum Auto, wo ich ihm dann vorab eine Schüssel mit Trockenfutter gegeben habe.

## Smillo zieht um

Als gegenüber des kleinen Katzengeheges Bauarbeiten losgingen und der Boden manchmal bebte, hat sich Smillo zurückgezogen zu einem Futterplatz, an dem mehrere Katzen versorgt werden. Aber dort hat es ihm wahrscheinlich nicht gefallen, und offenbar hat er gelernt, dass man nur suchen muss, um „ein anderes Lokal“ zu finden, denn eines Tages tauchte er auf dem nahegelegenen Hinterhof auf, auf dem mittlerweile nur noch ein Kater von ehemals zweien lebte.

Leider war Smillo mit dem dort lebenden Kater Peter unverträglich und hat ihn regelrecht gemobbt. Um dieser Zankerei und dem Gekreische um das Futter ein Ende zu setzen, haben wir eine zweite Futterkiste aufgestellt und immer das gleiche Futter in beide Kisten getan.

Kater Peter wurde dann dünn, das Fell sah struppig aus, er erbrach sich. So einfach ließ er sich aber nicht einfangen, bis ihn schließlich ein paar Tropfen Baldrian in die Falle gelockt haben und er vom Tierarzt erlöst wurde.

Und Smillo hat seitdem einen Einzelplatz und spricht noch immer ununterbrochen, wenn er denn auftaucht, was nicht jeden Tag der Fall ist. Er kommt dicht heran und zeigt uns bei seinen Verlautbarungen wunderbar seine kleinen schneeweißen Zähne.

Blick aus dem Futterhaus

Unten: Smillo, gut genährt

# 2015

## Der „alte Mann“ und seine Katzen

In dem Jahr erreichten uns zahlreiche Klagen über den Umgang des „alten Mannes“ mit kleinen Katzen, die er demnach zu seiner Behausung brachte.

Im Frühjahr hatten Jugendliche dort einen Karton mit kleinen, halbverhungerten Kätzchen herausgeholt und von der Feuerwehr abholen lassen. Nachdem die Jungens Monika gezeigt hatten, wo der Mann am Hang hochging und zu seiner neu angelegten Unterkunft kam, sind wir eines Tages dorthin geschlichen – Birgit, Udo, Susi, Monika und ich. Es galt, sehr leise und vorsichtig zu sein, denn der Mann warf mit Steinen, wenn er sich bedroht fühlte, hatte man uns gesagt.

Durch den mit Planen abgedeckten Bauzaun, der sein Zelt umgab, konnten wir zwei kleine Katzen sehen. Ein Hineinkommen war aber unmöglich, weil der Eingang mit einer starken Metallkette gesichert war.

Im Juli 2015 habe ich die Polizei um Hilfe gebeten. Zwei Beamte kamen auch und haben sich den Zeltplatz von dem „alten Mann“ zeigen lassen. Eine Kollegin und ich hatten dadurch Gelegenheit, einen Blick in das Zelt zu werfen. Dort stand ein Chemo-Klo, eine Liege, und vor dem Zelt war eine Futterschüssel zu sehen, wie wir sie damals benutzten. Der Mann stibitzte sie regelmäßig von unseren Futterplätzen, wie er auch sonst alles für ihn Brauchbare einfach mitnahm.

Auf die Frage, wie viele Katzen er habe, gab der Mann zur Antwort: „Sieben.“

Vor Ort waren keine Katzen zu sehen. Natürlich nicht. Die verschwinden ja sofort, wenn sie Fremde bemerken. So wussten wir dann auch nicht, ob der Mann unter seiner Meldeadresse Katzen hielt. Die beiden Polizisten, die sehr behutsam mit ihm umgingen, schlugen ihm eine Fahrt zu seinem Zuhause vor, damit er ihnen seine Katzen zeigt. Auf unangenehme Fragen gab er übrigens keine Antwort, sondern zeigte auf seine Ohren. Da hörte er dann halt nichts.

Von der Polizei wurde ermittelt, dass der Mann eine Betreuerin hatte, seine Nichte. Die lernten wir später kennen. Sie erreichte aber nicht, dass ihr Onkel die kleinen Katzen herausgab.

So begannen wir, sie einzufangen. Die erste ging uns in die Falle. Die zweite war an derselben Stelle nicht mehr einfangbar, so dass wir es an einem Platz in der Nähe des Zeltes des „alten Mannes“ versuchten. Die Falle schnappte zu, und der angeblich fast taube Mann war vor uns da und hat die Katze wieder herausgelassen. Wir bekämen sie demnächst hat er dann erklärt. Hin und wieder sprach er ganz deutlich.

Auf den Fotos sieht man, wie menschenunwürdig der Mann gehaust hat, wie unhygienisch es für die Katzen bei ihm zuging, und dass er allen Müll einfach in die Landschaft warf.

Ein Tierhaltungsverbot für den Mann war nicht zu erwirken und meine Bitte an die zuständige Richterin vom Betreuungsgericht (Amtsgericht), einen zusätzlichen Betreuer zu bestellen und für einen Platz zu sorgen, auf dem der Mann in einem Wohnwagen wohnen könnte, lief auch ins Leere.

Sie könne seine Rechte nicht weiter einschränken, lautete die Antwort, und auf meinen Hinweis, dass es kein Recht auf eine schlechte Tierhaltung gebe, kam keine Antwort mehr.

Zu meinem Wohnwagen-Vorschlag gab es keine Reaktion. Zu einem späteren Zeitpunkt war der Mann überfallen worden und hat sich dann an einer anderen Stelle eine Unterkunft gebaut, die keinen Eingang hatte, offenbar aus Angst, erneut überfallen zu werden. Um dort hinein zu gelangen, musste er über seinen selbst gebastelten Zaun klettern. In seinem Alter!

So kam es, dass er sich beim Überklettern schwer verletzte und in dem Zaun hängenblieb. Zu seinem Glück hat ein Hundehalter seine Hilferufe gehört und die Rettungskräfte angerufen.

Der „alten Mann“ hatte sich den Arm ausgekugelt und sonstige Verletzungen zugezogen, so dass er einige Zeit im Krankenhaus verbringen musste. Danach lief er mit Gehhilfe und herabhängendem linken Arm umher. Inzwischen schafft er es nicht mehr, die unwegsam gelegenen Futterstellen aufzusuchen.

Seine Katzen hat er – natürlich – einfach sich selbst, sprich uns, überlassen. Das ist zwar ein verbotenes Aussetzen, das auch vorhersehbar war, aber das ist halt der Endpunkt einer Kette von Gleichgültigkeit nicht nur gegenüber Tieren, sondern auch gegenüber diesem Mann. Immerhin konnte ich die Genehmigung für ein vorübergehendes Gehege für Katzen erreichen (siehe Seite 34), da hätte es doch für eine Richterin ein Leichtes sein müssen, für diesen Mann einen vorübergehenden Wohnwagenplatz zu bekommen, oder?

## Das Umzugsgehege für Trinchen

Derweil begann die Planung des weiteren Umzugs von Trinchen. Um sie geschützt zu den Futterplätzen der anderen Katzen zu bringen, war ein weiteres Gehege auf einem Baugrundstück des Liegenschaftsamtes erforderlich.

Mit der Genehmigung aus dem Büro des Oberbürgermeisters, vorübergehend ein solches Gehege aufzubauen, schritten wir zur Tat bzw. ins BAUHAUS, Monika und ich. Vorher hatten wir um den „Schnecken-Baum“ herum Maß genommen. Auf und an dem Baum saßen unglaublich viele kleine Gehäuseschnecken, in allen Farben, wirklich sehenswert.

Im BAUHAUS haben wir uns das benötigte Material zusammenstellen und auf unsere große Transportkarre packen lassen, bezahlt und sind mit eben dieser Transportkarre vor den Eingang gefahren. Dort wollten wir einen passenden Handwerker abfangen, uns war nämlich aufgefallen, dass die Handwerker in unterschiedlicher Arbeitskleidung ins BAUHAUS kamen.

Es dauerte nicht lange, und ein mit grünem Overall bekleideter Mann kam auf uns zu, und schon hielten wir ihn an, um zu fragen, ob er uns den Zaun aufbauen könne. Wie der glückliche Zufall so spielte, war sein Chef gerade in Gerresheim. Wir verabredeten uns telefonisch mit ihm an der nahegelegenen Tankstelle und dann gingen wir gemeinsam zu dem „Gehege-Baum“.

Das Aufbau-Angebot lautete „200,- Euro“, und am folgenden Tag kamen zwei Männer, einer war der vom BAUHAUS, und sie errichteten das Gehege, wofür sie zu zweit etliche Stunden benötigten. Wir hätten das niemals alleine hinbekommen. Es wurde noch mit Strohmatten verkleidet und mit Rankpflanzen versehen, und ist inzwischen vereinbarungsgemäß wieder abgebaut worden.

## Wir nehmen am Dreck-weg-Tag teil

Der Dreck-weg-Tag fand am 21. März 2015 statt. Da sich in und um das Gelände, auf dem sich die Katzen aufhielten, immer wieder neu hingeworfener Müll befand, bot es sich für uns an, mitzumachen.

Ein paar Tage vorher habe ich uns bei einer Bank, die das Unterfangen sponserte, als Teilnehmer eingetragen, sodass die AWISTA-Mitarbeiter wussten, wo sie den von uns gesammelten Müll abholen mussten. Dann bekam ich robuste Müllsäcke, Handschuhe und auffallende Warnwesten, die wir im Gelände tragen sollten.

Als wir zu unserem Säuberungsgelände kamen, stand dort bereits eine ausrangierte Waschmaschine. Obwohl wir in Düsseldorf kostenlose Sperrmüllabholung haben, setzen manche Leute enorm viel Energie ein, um ihren Sperrmüll wild und illegal zu entsorgen. An der Böschung zum ehemaligen Futterplatz von Trinchen lag eine Matratze.

Vielleicht hatte der Müll aus Plastikfolien und Einwegkaffeebechern, die von der gegenüberliegenden Baustelle stammten, dazu animiert. Der zuständige Bauleiter war offenbar auf beiden Augen blind.

Wir fanden den sonderbarsten Abfall, man möchte fast sagen, ein halbes Auto, aber auch Fahrradräder. Sowas steckt unsichtbar im Gebüsch. Plastikfolien, die sich in den Boden gefressen hatten, alte Gummistiefel, und überall gab es Hinterlassenschaften des „alten Mannes“, nicht nur Katzenfutterdosen, sondern auch Kaffeesahneschachteln. Ich habe ihm daraufhin einen schwarzen Plastikübertopf, der im Boden Löcher hatte, mit einer Kordel an einem Baum befestigt, um den herum er Futterschachteln verstreut hatte. Darüber hatte ich noch ein Schild befestigt, dass ihn aufforderte, diesen Müll in den Übertopf zu werfen, und siehe da: das klappte. Einmal die Woche leerten wir den „Müllkorb“ von da an aus.

Die Arbeit am Dreck-weg-Tag war mühsam, hatte sich aber gelohnt, denn am Schluss unserer Einsammelzeit, konnten wir sehen, wie viel wir doch geschafft hatten, und da kamen dann auch schon die AWISTA-Leute mit ihrem Wagen um die Ecke, um alles abzuholen.

Fundstücke

## 2016

## Wir nehmen am Handwerker- und Bauernmarkt teil

Da die Versorgung der Katzen ohne Informationsmaßnahmen, die zu mehr Wissen und damit zu richtigem Verhalten der Tierhalter führen, die unendliche Geschichte ist, habe ich 2016 bei der Interessengemeinschaft *Wir in Gerresheim* (WIG) angefragt, ob es möglich wäre, auf ihrer Webseite kleine Meldungen zu veröffentlichen.

Daraufhin wurde uns die Teilnahme am Handwerker- und Bauernmarkt in Gerresheim im Mai des Jahres angeboten. Wir bekamen kostenlos einen großen Stand zur Verfügung gestellt, und dann besprachen wir zu fünft an einem Tisch im BAUHAUS bei Kaffee und Kuchen, was zu tun war und wer was machen sollte.

Ich entwickelte Informationsmaterial, das in der Druckerei, die für den Katzenschutzbund arbeitete, gedruckt wurde und erbat Spendenartikel, z.B. Gummibärchen und Katjes, jedoch keine der angesprochenen Firmen rückte etwas heraus.

Das war aber gar nicht schlimm, denn Birgit und ihre Freundin haben Katzenkekse gebacken und in durchsichtige Tütchen verpackt, und die gingen weg wie warme Semmeln. Besonders die mit Thunfischgeschmack waren der Renner.

Wie man auf dem Foto sieht, waren das nicht einfach runde Plätzchen, sondern Katzentatzen und auch Mäuse. Ob die heimischen Katzen das wohl gemerkt haben?

Wir arbeiteten an den beiden Markttagen in vier Schichten, also mit jeweils einer Vormittags- und einer Nachmittagsschicht. Um den Auf- und Abbau des Standes kümmerten sich WIG-Mitglieder, aber wir hatten Mengen an Dekorationsmaterial, das zum Schluss wieder eingepackt und mit dem Auto weggebracht werden musste. Dennoch, wir hätten gern an einer weiteren Marktveranstaltung teilgenommen, aber dazu ist es nicht mehr gekommen. Zuerst hat sich die WIG aufgelöst, dann neu aufgestellt, wie wir das im Laufe des Jahres und des Folgejahres auch getan haben.

Der Verkaufsschlager: die Katzenplätzchen

## Kampf gegen den Japanischen Staudenknöterich

Im Herbst 2016 nahmen wir es mit einer invasiven Pflanze auf, dem Japanischen Staudenknöterich. In Europa kommt nur die weibliche Pflanze vor, und die klont sich, und wie! Ihre Wurzeln reichen zwei bis drei Meter in die Tiefe. Sie bildet neue Pflanzen aus Rhizomen, also Knoten, wächst dicht unter der Erde sternförmig in alle Richtungen und breitet sich dadurch flächig ganz schnell aus. Sie vernichtet dabei die heimischen Pflanzen, selbst die, die recht hartnäckig sind, wie Brombeeren.

Wenn das nur alles wäre, aber sie wächst auch rasend schnell in die Höhe. Am Tag können das bis zu 30 cm sein. Hätten wir diese Pflanze weiter wachsen lassen, wäre von den ursprünglichen heimischen Pflanzen nichts mehr da. Der Staudenknöterich bedrohte nicht nur den Lebensraum der Katzen und dortigen Wildtiere, auch die Futter- und Schlafstellen hätte er überwuchert und unzugänglich gemacht.

Der erste Schritt war das Abschneiden der hohen Stangen. Dann haben wir den Boden abgedeckt, aber das hat zu nichts geführt. Damit ist dem Japanischen Staudenknöterich nicht beizukommen. Und beim Entfernen der abgeschnittenen Stangen, die wir erst einmal liegengelassen hatten, stellten wir an zwei Stellen neue Keimlinge fest. Diese Pflanze kann sich sogar aus Bruchteilen von Blättern vermehren, denn Wurzelteile hatten wir nicht mit abgeschnitten. Nach unten hin waren die Stangen nämlich steinhart.

Schließlich hat eine Gartenbaufirma mit einem kleinen Bagger Wurzeln ausgegraben und entsorgt. Und von da an haben wir jede herauskeimende Pflanze sofort ausgegraben oder ausgerissen. Nach vier Jahren hat der Knöterich dann aufgegeben.

Hoffentlich. Auch heute noch schaue ich jedes Mal mit Argusaugen zu der inzwischen wieder mit heimischen Pflanzen bewachsenen Fläche, ob nicht doch ein „Japaner“ irgendwo wächst.

Oben liegen die abgeschnittenen Stangen und unten wachsen neue Triebe nach

## 2017

## *Interessengemeinschaft Katzen in Gerresheim*

Der Gründungsvorstand des Katzenschutzbundes beendete 2017 seine Tätigkeit und wir machten uns sozusagen selbständig, was wir ohnehin waren, denn die Verantwortung lag immer bei uns, nicht beim Katzenschutzbund.

So nennen wir uns seitdem *Interessengemeinschaft Katzen in Gerresheim*, ließen uns von einem befreundeten Unterstützer eine Webseite erstellen und dann begannen wir, uns und damit auch die Existenz der freilebenden Katzen mit Aushängen bekannt zu machen.

Irene und ich klapperten beim ersten Mal viele Geschäfte ab und auch Banken und lernten so erst einmal, wo auf keinen Fall Aushänge angebracht werden konnten. In einer Gastwirtschaft trafen wir auf eine Wirtin, die etwas von blöden Katzen rief und dann nach hinten in die Küche weglief. Schade, wenn Leute zu feige sind, sich auszutauschen, besonders dann, wenn es um Lebewesen geht, genau wie wir welche sind.

Aber zum Glück war das der einzige „Ausreißer“, den wir erlebten. Eher trafen wir auf Erstaunen. Dass es solche Katzen auch bei uns gibt, war für viele Leute neu. Irgendwie herrschte der Eindruck vor, dass es die nur im Ausland gibt.

Das ist sicherlich nicht nur ein Ergebnis von Fernsehsendungen, die gerne Missstände im Ausland zeigen und den Eindruck erwecken, bei uns sei alles viel besser. Die andere Seite ist natürlich, dass diese Katzen nicht sichtbar sind. Sie sind klein, und sie verstecken sich.

Es meldete sich der Redakteur, der die Zeitschrift „Der Gerresheimer“ betreute, über die E-Mail auf unserer Webseite und wir, meine Kollegin Birgit und ich, trafen uns mit ihm zu einem Interview, auf das hin er uns und damit den Katzen die Titelgeschichte widmete, die auf unserer Web-Seite zu finden ist.

Es meldeten sich auch Gerresheimer/innen, die uns finanziell unterstützen wollten und das bis heute tun, wodurch wir in der Lage sind, die Katzen nicht nur mit Futter zu versorgen, sondern sie auch tierärztlich behandeln zu lassen, wenn das nötig ist. Die eine oder andere Unterstützerin hat uns bei der Fütterung begleitet, um sich ein Bild zu machen und mit einigen treffen wir uns ab und zu.

# Katzen in Gerresheim

Diese und andere Katzen überleben, weil sie von der

*Interessengemeinschaft Katzen in Gerresheim*

mit Futter, Schlafhäusern und tierärztlicher Behandlung versorgt werden.

Machen Sie mit.

Tragen auch Sie dazu bei, dass immer mehr freilebende Hauskatzen

kastriert und ordentlich versorgt werden.

**Weitere Informationen unter**

**www.katzen-in-gerresheim.de**

Der Gerresheimer
Elend und Glück
der herrenlosen Katzen
von Gerresheim

## Der Frühjahrsheuwechsel 2017

Für Samstag, den 1. April 2017, hatten wir uns zum Heuwechsel verabredet, den wir zweimal im Jahr vornehmen, nämlich im Frühjahr und im Herbst. Leider musste der dann ohne mich stattfinden, denn einen Tag vorher, am Freitag, dem 31. März 2017, habe ich mir ein Bein gebrochen.

Die Kollegen und Kolleginnen haben sich danach nicht nur um die Versorgung der Katzen gekümmert, sondern mich in ihre Fürsorge mit eingeschlossen. Sie kamen mich jeden Tag im Krankenhaus besuchen, Irene hat mich für die Reha eingekleidet und Birgit und Silvia haben mich sogar in der Reha in Duisburg besucht. Das sind einfach ganz großartige Leute.

## Ein morscher Baum wird gefällt

Als ich wieder „draußen“ war, hat Monika auf einen Baum hingewiesen, der morsch aussah und gefällt werden müsste. Ich habe daraufhin um Genehmigung durch das Gartenamt gebeten. Das konnte ich, weil mir der Grundstückseigentümer eine E-Mail an die Hand gegeben hatte, die ich bei Erfordernis Behördenmitarbeitern vorlegen konnte, ohne, dass er selbst involviert werden musste.

Der Baum befand sich auf unserem Weg zu einer Futterstelle. Ausweichen auf einen anderen Weg war ausgeschlossen, und so lag eine Gefährdung der Katzenbetreuer vor, die schon größer war, als gedacht. Das sah man nämlich, als der Baum gefällt worden war. Er war innen schon ganz hohl.

Da wir uns in einer Art Biotop befinden, wo Bäume auch auf natürliche Weise umstürzen und liegenbleiben, musste der gefällte Baum nur zersägt werden und die Stücke konnten liegenbleiben. Das sparte Kosten.

Eines der großen grünen Schlafhäuser von innen und der gefällte Baum, innen völlig hohl. Lange hätte er wohl nicht mehr gestanden.

## Wir haben Nachwuchs

Im Juni 2017 entdeckte Silvia am Aufgang zu einer Futterstelle kleine Kätzchen, die offenbar im Brombeergebüsch ihre Geburtsstätte hatten. Nun kamen sie zum Spielen heraus, kleine schwarze und schwarz-weiße Katzenkinder. Die Mutter war auch eine Schwarz-Weiße, die wir später einfangen und kastrieren lassen konnten.

Monika hat eines unserer Schlafhäuser von der Futterstelle oberhalb des Gebüsches geholt und den Kleinen hingestellt. Wir haben ja immer mehr Schlafhäuser aufgestellt, als Katzen da sind, sodass weiterhin genug Häuser da waren. Die Kleinen haben das Schlafhaus sofort angenommen. Das konnte ich am nächsten Tag schon sehen, denn ich bin von da an jeden Morgen hingefahren und habe ihnen die erste Portion Nassfutter gebracht. Später bekamen sie die zweite Portion von dem- bzw. derjenigen, der/die dran war am jeweiligen Tag. Wenn ich morgens kam, purzelten sie nacheinander aus dem Schlafhaus.

Als Futterhaus stellten wir ihnen zuerst eine schwarze Plastikkiste hin und später einen großen Einfangkorb. Meine Idee, dass die Kätzchen bei so viel Zuwendung von uns handzahm werden könnten, ging nicht auf. Wenn kleine Katzen nicht in den allerersten Wochen menschliche Berührung erfahren, lehnen sie Anfassen und Streicheln ab. Hinzu kommt, dass die freilebende Mutter ihnen sofort beibringt, vorsichtig zu sein, gerade auch von Menschen Abstand zu halten.

Die Mutter hatte den Platz gut ausgewählt. In zwei Richtungen gab es Futterplätze, so dass sie sich immer gut ernähren konnte. Für die Kleinen wären die Wege dorthin allerdings nicht ungefährlich gewesen, aber zu ihrem Glück wurden sie ja von uns versorgt, und sie hatten einen wirklich riesigen Appetit. Man kann sich gar nicht vorstellen, dass sechs kleine Katzen so viel Futter in sich hineinschlingen können.

Schließlich schienen sie uns groß genug, um für das Tierheim zur Vermittlung in ein Zuhause eingefangen zu werden.

Und so hockte sich Birgit eines Tages hinter den großen Transportkorb, in dem wir das Futter servierten. Das zuvor mit einem Stein festgestellte Türchen war freigemacht worden, und dann, als drei drin waren, machte Birgit „klapp“, aber so einfach, wie sich das hier liest, war es nicht.

Die kleinen Kätzchen sprangen laut polternd in dem Korb herum, an die Tür, und Birgit musste zusehen, dass sie den Verschluss zubekam. Und dann ging es zum Tierheim.

Im nächsten Versuch ging ein weiteres Kätzchen in den Korb und dann zum Tierheim, wo sich fast ein Drama abgespielt hätte. Wir sind zu dritt hingefahren, obwohl ich noch gezögert habe, weil ich das für übertrieben hielt. Eigentlich hätte ich ja schon anfangen können mit der Futterversorgung der erwachsenen Katzen, aber dann bin ich doch mit ins Auto gestiegen.

Im Tierheim angekommen, macht Birgit die Kofferraumklappe auf, und ich sehe rechts vom Transportkorb eine kleine schwarze Katze stehen. Die merkt in dem Moment, dass es über ihr hell geworden ist, setzt zum Sprung an und landet direkt auf dem Oberschenkel der neben mir stehenden Karin. Da wir zu dritt waren, bildeten wir nämlich einen undurchdringlichen Halbkreis.

Karin griff zu, obwohl es wehtat, denn die Kleine kratzte und biss. Karin steckte sie wieder in den Transportkorb und ich verschloss ihn, aber der Verschluss war nur einmal eingehakt, und als Birgit den Korb hochhob, war diese kleine Katze schon wieder draußen und flog regelrecht durch die Luft. Zum Glück hat Karin sie an den Hinterbeinen noch packen können und dieses zappelnde und beißende Kätzchen festgehalten, bis es wieder im Transportkorb war, der dann auch richtig verschlossen wurde.

Was für ein Glück, denn die kleine Katze wäre verloren gewesen, wenn sie hätte wegrennen können. Aber was für ein Pech für Karin. Die musste zum Arzt, um ihre Bisswunden behandeln zu lassen, denn die Zähne von Katzen sind sehr spitz und gehen tief ins Fleisch, und ihr Speichel ist hochgiftig. Deswegen müssen Katzenbisse immer behandelt werden.

Im Tierheim stellte sich heraus, dass die kleinen Kätzchen allesamt Kater waren. Und dann mussten wir feststellen, dass es an einer anderen Futterstelle einen weiteren Wurf kleiner Katzen gab. Dort ist uns eine mehr zufällig in eine Falle gegangen. Die anderen drei konnten wir erst einfangen, als sie alt genug zur Kastration waren. Auch das waren lauter Kater. Kater Karlo war der letzte an der Stelle, der uns in die Falle ging und kastriert wurde.

Aber bis Birgit und ich die drei Nachwuchskater eingefangen hatten, sind viele Stunden ins Land gegangen. Oft mussten wir unverrichteter Dinge wieder abziehen. Einmal hatten wir uns in Birgits Auto gesetzt, um nicht so lange herumstehen zu müssen, da tauchte vor uns plötzlich ein kleiner schwarzer Katzenkopf aus dem Gebüsch auf: Wir wurden beobachtet. Die kleine Katze wandte ihren Blick nicht mehr von uns ab. Und so mussten wir an dem Tag mal wieder erfolglos abbrechen.

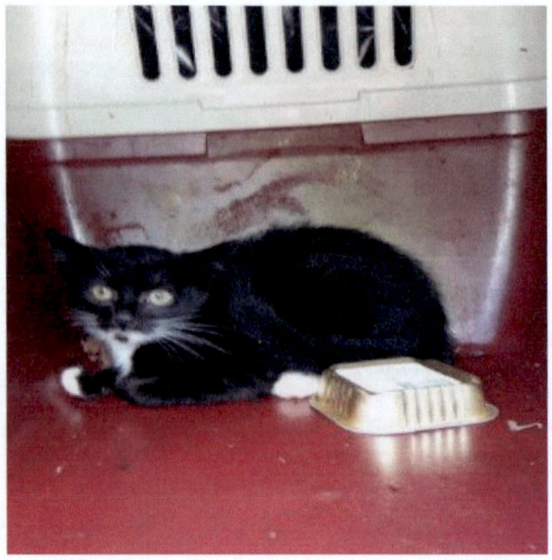

Eins von den Nachwuchs-Kätzchen und rechts das „Drama"-Katerchen

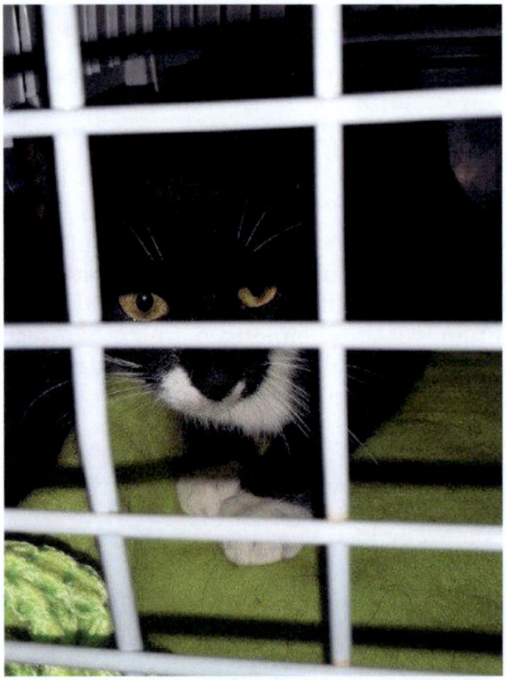

Kater Karlo

## Ubi geht uns im Umzugsgehege in die Falle

Auch wenn Trinchen, für die das Gehege ja bestimmt war, es nie zu Gesicht bekommen hatte, war es uns sehr nützlich. Dort konnten wir nämlich einige unkastrierte Katzen, allesamt welche des „alten Mannes“, einfangen und zum Tierarzt zur Kastration bringen. Dazu gehörte auch Ubi, die von Birgit 2017 eingefangen und von ihr und Udo nach der Kastration vom Tierarzt abgeholt worden ist. Und so ist ihr Name eine Abkürzung aus Udo und Birgit.

Lange Zeit hat sie sich nicht blicken lassen, sodass manch einer sie schon für ein Phantom hielt, und dann, plötzlich Ende 2019 hat sie sich entschlossen, uns zu trauen. Seitdem erscheint sie auf dem Weg zu ihrer Futterstelle, wo sie sich hinsetzt und uns mit einem leisen Miau auffordert, zur Futterstelle zu gehen, wo sie dann nämlich sofort eine 100-Gramm-Vorspeise bekommt. Wie alle Katzen versteht sie sich vortrefflich darauf, ihre Versorger so zu erziehen, dass die das tun, was sie möchte.

Sie rennt vor ihren Betreuern her, wälzt sich auf der Treppe und rennt dann zum Futterplatz hoch. Inzwischen lässt sie sich streicheln und geht sogar zur nächsten Futterstelle mit. Allerdings ist sie recht ungestüm, und so manch einer hat schon ihre Krallen zu spüren bekommen.

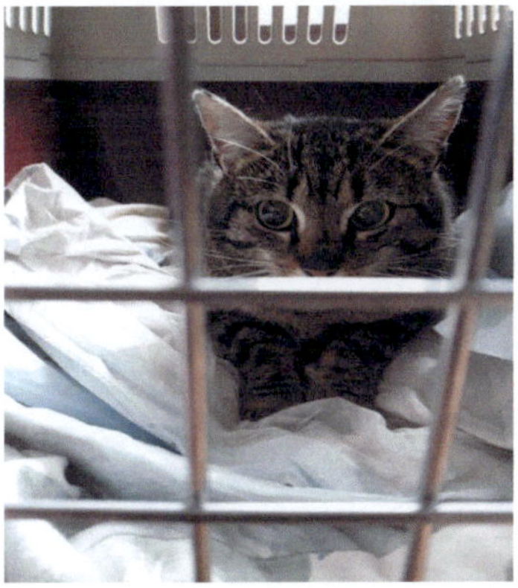

Ubi nach der Kastration im Transportkorb, in dem sie noch eine Nacht bei Birgit verbrachte und daneben bedient sie sich schon mal aus der Vorratsdose.

## Kater Mietzi lässt sich helfen

Im November 2017 mussten wir überraschend von einer unserer Katzen Abschied nehmen. Mietzi sah von einem Tag auf den anderen krank aus, wirkte eingefallen. Eine Kollegin hatte nach der Fütterung Alarm geschlagen.

So sind denn Karin und ich an einem Donnerstag-Morgen zu der Futterstelle gegangen, an der sich dieser Kater namens Mietzi immer aufhielt. Als wir dort um neun Uhr ankamen, viel früher als zur normalen Fütterzeit, schien der Kater schon auf uns zu warten. Er lief noch ein wenig von hier nach da und ging dann selbst in den Umsetzkorb.

Wie immer legten wir zur Abdunkelung eine Decke darüber. Das beruhigt die Katzen. Als wir den Umsetzkorb beim Tierarzt auf die Waage gestellt und die Decke hochgehoben haben, lag Mietzi in dem Korb, und man sah schon, dass das Tier nicht mehr konnte. Die Tierärztin stellte eine Geschwulst im Bauchraum fest und hat ihn dann erlöst.

So traurig das auch war. Es war allemal besser, als wenn der Kater irgendwo im Gebüsch unter schlimmsten Schmerzen gestorben wäre. Zu Lebzeiten hatte er immer reichlich Abstand zu uns gehalten, aber letzten Endes hatte er offenbar doch Vertrauen zu uns und die Hoffnung, dass wir ihm helfen würden.

Mietzi hatte sich übrigens für etwa drei Jahre zurückgezogen, weil Lucy sich sehr dominant gab und ihn immer vertrieb. So konnte man Mietzi gelegentlich durch das Gebüsch erkennen, weil er viel weißes Fell hatte. Dort wartete der Kater offenbar, dass Lucy wegging, damit er auch in die Futterkiste gehen konnte.

Und dann, eines Tages, hatte er sich offenbar überlegt, sich dieses Verhalten von Lucy nicht mehr bieten zu lassen und hat angefangen, sich zu wehren. Von da an tauchte er zur Fütterung auf und so manches Mal sind er und Lucy wie Boxer aneinander hochgestiegen.

Mietzi (Kerbe im rechten Ohr)

Lucy

## 2018

### Einfangen unkastrierter Kater

Neben der Versorgung der Katzen fingen wir auch immer wieder unkastrierte Kater ein. Ja, zum Glück waren es Kater, die uns nicht noch mehr Nachwuchs bescherten und auch nicht woanders hin abwanderten, wo sie hätten Junge zeugen können.

Die meisten Kater, aber auch Katzen, die wir einfingen, waren schwarz, und da wir sie deshalb kaum auseinanderhalten können, heißen sie alle Blacky, was sie selber wohl kaum ahnen.

### Suche nach einem Katzenhalter

Im August tauchte plötzlich noch ein schwarzer Kater auf, der aber ein etwas schräg abgeschnittenes Ohr hatte und kein Blacky sein konnte. Er war sehr zutraulich, ließ sich sogar auf den Arm nehmen und hatte Hunger für zwei.

Die Suche nach dem Halter gestaltete sich sehr schwierig. Irene und ich klebten Plakate an Laternen und Bäume in der Gegend, in der wir den Halter vermuteten. Sozusagen vor dessen Nase. Aber niemand meldete sich. Wir versuchten es dann sogar über die Zeitungen, aber auch ohne Erfolg.

Doch am Schluss, nach einigen Irrungen und Wirrungen, gab es ihn. Der Mann wohnt ganz in der Nähe der Futterstellen. Es stellte sich sogar heraus, dass er wusste, dass sein Kater bei uns ein Schlafhaus bezogen hatte. Den Geruch nach frischem Heu brachte er nämlich mit nach Hause.

Aber so recht konnte sich der Katerhalter nicht mit uns anfreunden. Für das selbstlose Handeln, das uns ja ausmacht, hat er kein Verständnis, die Futterstellen hat er als Spielplätze bezeichnet, die Katzen anziehen, und sein „kreatives Mind Map“ hat ihm bis heute auch noch keinen Anstoß gegeben, sich an den Futterkosten zu beteiligen.

Sein Kater taucht inzwischen zwar nicht jeden Tag an einer Futterstelle auf, aber wenn er kommt, dann kann er auch ordentlich was verputzen.

Zwei Blackys nach der Kastration im Transportkorb, in dem sie weich sitzen und Platz haben, und in dem sie in ihr Revier zurückgebracht werden, und unten einer, der wieder daheim ist.

## Eine Wespen-Invasion

Unangenehm sind sie immer, die Wespen, aber die Wespen des Jahres 2018 waren eine richtige Plage. Sie tauchten in Scharen auf, sobald eine Futterdose geöffnet wurde. Besonders beim Frechdachs waren sie unerträglich. Zum Öffnen der Futterdosen habe ich mich von der Futterkiste entfernt, aber ich blieb nicht lange unbehelligt. Schnell waren Wespen da. Wegrennen war zwecklos. Sie riechen das Katzenfutter. Sobald Futter in eine Schüssel eingefüllt war, saßen sie zu Hauf darauf und machten es der Katze unmöglich, etwas davon abzubekommen ohne gestochen zu werden.

Wir haben uns dann damit beholfen, einen batteriebetriebenen Futterautomaten in die Futterkiste zu stellen, der nachts gegen 22:00 Uhr öffnete. So konnte die Katze dann ohne Gefahr, von Wespen gestochen zu werden, an ihr Futter. Da sie die anderen Futterplätze kannte, wird sie aber tagsüber auch dorthin gegangen sein.

Birgit und Silvia wurden gestochen. Da kann man nur hoffen, dass uns so viele Wespen in Zukunft erspart bleiben.

## 2019 begann mit Diebstählen

Das Jahr fing nicht gut an. Im April wurden uns zwei Kameras und ein Futterhaus gestohlen. Mitten auf dem Weg war Holz verbrannt, möglicherweise gegrillt, worden. Rechts und links von dieser Stelle befand sich trockenes Gehölz. Die Brandgefahr für das ganze Gelände war groß.

Nicht lange danach wurde sogar in eine Futterstelle eingebrochen. Das waren vermutlich dieselben Täter. Sie sind über den Zaun, den sie heruntergebogen hatten, in das Gehege geklettert, wo sie die dritte Kamera entwendeten, nach der sie auf jeden Fall gesucht haben mussten, denn sie war versteckt angebracht. Außerhalb des Geheges hatten sie sie dann weggeworfen, nachdem sie die Speicherkarte herausgenommen hatten. Mit dem Passwort war die Kamera für sie nicht brauchbar. Die Kamera ist heute noch im Gebrauch. Da hatten wir mal Glück.

Im Laufe des Jahres, während wir wieder einmal auf das Zuklappen der Falle warteten, entdeckte Birgit auf einmal die gestohlene Futterkiste, hoch oben im Brombeergebüsch – dachten sie und ich. Nachdem sich Birgit mühevoll an die vermeintliche Kiste herangeschnitten hatte, stellte sich heraus, dass es nur der Deckel war. Mutwillig ausgerissen oder abgetreten und weggeworfen.

## Eine kleine Schwarze in der Falle

Im September hatten Birgit und ich mit unseren Einfangversuchen dann endlich Glück. Eine kleine schwarze Katze saß in der Falle. Da sie extrem klein war, haben wir sie erst einmal beim Tierarzt begutachten lassen, wo die Tierärztin sie auf etwa drei Monate geschätzt hat, also zu jung für eine Kastration. Deshalb haben wir sie ins Tierheim gebracht, damit sie in ein Zuhause vermittelt werden kann.

Der schwarz-weiße Kater allerdings, den wir einfangen wollten, ist uns leider „entkommen“. An dem Tag, an dem er endlich um die Falle herumschlich und sich der Eingangsöffnung genähert hatte, ging plötzlich ein lautes Katzengekreische los, und damit war wieder einmal ein Einfangtag erfolglos, denn der Kater rannte weg und kam nicht wieder.

## Lucy war beim Zahnarzt

Circa vier Jahre zuvor war Lucy schon einmal beim Tierarzt, der ihr Zahnstein entfernt hatte. Und da Zähne auch bei Katzen, genau wie bei uns Menschen, mit der Zeit schlechter werden, dachte ich, dass es wohl an der Zeit war, sie dort noch einmal vorzustellen.

Lucy ist zwar sehr zutraulich und lässt sich auch streicheln, aber wie alle Katzen mag sie nicht freiwillig in einen Transportkorb gehen. Da sie hinter Thunfisch her ist, wie der Teufel hinter der armen Seele, brachte ich eines Tages einen Transportkorb mit und stellte ein Schüsselchen mit Thunfischpastete hinein.

Und dann wunderte ich mich, warum Lucy partout keinen Schritt hinein machte. Dabei war die Erklärung ganz einfach. Birgit und ich benutzten Thunfisch zum Einfangen mit der Falle, denn die meisten Katzen sind arg hinter Thunfisch her. Und so war unser erster Fang an der Futterstelle, an der sich Lucy aufhält, eben diese Lucy. Wir haben sie natürlich gleich wieder herausgelassen und ihr von da an immer einen Rest Thunfisch gegeben, wenn wir die Falle aufstellten. Aber von da an hat Lucy ein Behältnis und Thunfisch darin als Falle betrachtet, die sie nicht vorhatte zu betreten. Wir haben sie anders überlistet und in einen Umsetzkorb, der weniger geräumig und bequem ist, locken können.

Tatsächlich brauchte Lucy eine Zahnsanierung, zwei Zähne sind ihr gezogen worden, an den anderen wurde Zahnstein entfernt. Als ich sie an der Futterstelle aus dem Transportkorb, in dem sie nun saß, herausließ, lief sie nicht etwa weg, wie ich angenommen hatte, sondern drehte sich sofort zu mir um und rieb ihr Köpfchen an meinen Beinen. Vermutlich hatte sie doch schon längere Zeit Zahnschmerzen und war nun sehr dankbar, dass sie davon nicht mehr gequält wurde.

Schmusebacke Lucy

## Abschied von Schneeflöckchen

Am 7. Oktober hatten sich Monika und ich verabredet, um Schneeflöckchen einzufangen. Das Fell der Katze sah struppig aus, und sie war abgemagert. Der Verdacht, dass sie nierenkrank war, lag nahe.

Als ich in den Weg zur Futterstelle einfahren wollte, versperrte mir eine Fahrradfahrerin, die mir den Rücken zugewandt hatte, den Weg. Sie behauptete, ich dürfe dort nicht durchfahren, hier sei Durchfahrtverbot. Dass sie dann ihr Fahrrad hätte schieben müssen, wusste sie nicht. Sie schien auch nicht zu wissen, dass ihr Hund hätte angeleint sein müssen. Sie fotografierte dann mein Autokennzeichen und erklärte, dass sie mich melden würde. Erst als ich ihr zurief, dass das Nötigung ist, was sie da veranstaltete, stieg sie auf ihr Fahrrad und fuhr davon, rief mir dann aber noch zu, ich dürfe dort nicht parken, weil das Naturschutzgebiet sei, womit sie sich auch irrte.

Monika und ich konnten unser Schneeflöckchen in einer Falle einfangen, die seit zwei Wochen als Futterhaus eingesetzt worden war, damit sie sich daran gewöhnt, in die Falle hineinzugehen. Zum Glück hat das an dem Morgen geklappt. Noch während wir zum Tierarzt fuhren, ging ein wolkenbruchartiger Regen runter. Also 15 Minuten später hätten wir keine Chance mehr gehabt. Bei Regen suchen die Katzen trockene Plätze auf.

Hätte ich tatsächlich wegen dieser aggressiven Fahrradfahrerin die Verabredung mit Monika nicht pünktlich einhalten können, hätte die Gefahr bestanden, dass wir die Katze an einem anderen Tag nicht mehr mit Futter hätten in die Falle locken können. Bei Nierenerkrankungen lässt irgendwann der Appetit nach und mit Futter kann man dann nicht mehr locken.

Was wir vermuteten, traf leider zu: Schneeflöckchen war nierenkrank, und so wurde sie eingeschläfert. Die Nierenerkrankung ist nicht heilbar und bedeutet ein langsames, qualvolles Sterben. Die Katze vergiftet sich selbst, weil die Nieren Schadstoffe im Körper belassen.

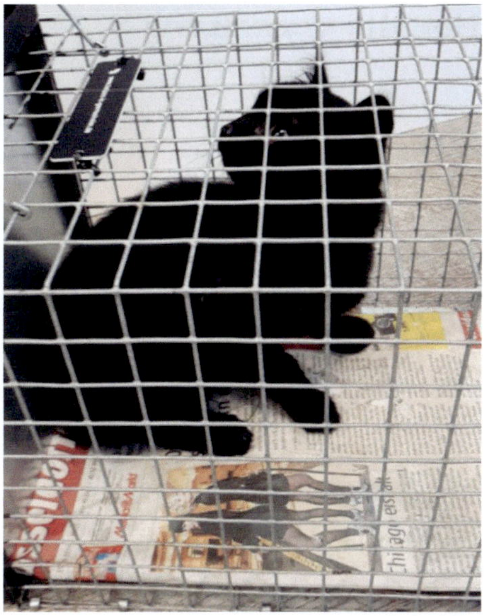

Die kleine Schwarze (oben) und Schneeflöckchen (unten)

## Am 26.11.2019 fragt die SPD-Fraktion die Verwaltung

**Frage 2:**
Wie beurteilt die Verwaltung die augenblickliche „Nutzung“ des Brombeerhügels, der nach der Beschreibung des Bebauungsplans einen hohen ökologischen Wert hat, durch Tierschützer*innen, die auf dem Gelände zahlreiche Schlaf- und Futterplätze für wild lebende Katzen errichtet haben?

**Antwort:**
Die Interessengemeinschaft Katzen in Gerresheim betreibt dort Futterstellen und Unterschlupfmöglichkeiten für ca. 15 wild lebende Katzen. Die Plätze werden gepflegt und von Unrat frei gehalten. Das Füttern der Katzen wird durch das Veterinäramt toleriert, sofern dies im Zusammenhang mit bestandsregulierenden Maßnahmen erfolgt. Seitens des Veterinäramtes besteht derzeit kein Handlungsbedarf.

Die geschilderte Nutzung steht nicht im Widerspruch zum ökologischen Wert des Brombeerbergs, sie findet lediglich auf Teilflächen statt.

**Frage 3:**
Stehen die Maßnahmen, die die Katzenfreunde und – freundinnen durchführen, um die Eingänge zu den Schlafhäusern und die dorthin führenden Wege von Wildwuchs freizuhalten, im Einklang mit der Erhaltung des Biotopkomplexes? Wenn nein, was wird die Verwaltung unternehmen?

**Antwort:**
Der jetzige Zustand besteht seit vielen Jahren; die in Anbetracht des dichten Gehölzbestandes auf dem Brombeerhügel begrenzten Eingriffe durch Schnittmaßnahmen erfordern kein behördliches Einschreiten.

Zum Schutz des Grundstücks gegen das Betreten Dritter erfolgte eine Abgrenzung durch eine dichte Abpflanzung mit dornigen Sträuchern und in Teilen durch eine Einzäunung.

## Und die Rheinische Post titelt danach

### *Stadtbild in Düsseldorf : Tierfreunde dürfen weiterhin wild lebende Katzen füttern*

Die von mir angeschriebene Vertreterin der SPD-Fraktion, die den alten Bebauungsplan der Stadt hervorgekramt und von unserer Webseite abgeschrieben hatte, hüllte sich in Schweigen und verzichtete auf die Höflichkeit einer Antwort an mich. Ein Schelm, wer Böses dabei denkt.

Aber was hätte sie mir antworten sollen? Offenbar hat der Redakteur der Rheinischen Post genau ins Schwarze getroffen: Hier sollten unter einem „grünen“ Vorwand die Katzen vertrieben werden. Eine andere Interpretation lassen die Anführungsstriche bei dem Wort Nutzung kaum zu.

Den betroffenen Text unserer Web-Seite, der da so missbräuchlich verwendet wurde, haben wir inzwischen entfernt und durch einen neuen ersetzt.

## 2020

## Das erste Halbjahr

Das Jahr, in dem das Corona-Virus weltweit um sich griff und sich irgendwie auch in unserem Versorgungsgebiet bemerkbar machte.

Auf einmal lagen Mülltüten in und um unsere Futterspendenkiste herum. Viel mehr Menschen als sonst waren zu Hause, im Home-Office oder weil sie ihre Kinder betreuen mussten, denn Kindertagesstätten und Schulen waren geschlossen. Da fiel dann mehr Müll an und „einfallsreich", wie so mancher war, schnappte er sich seine Mülltüte, die zuhause nicht mehr in die Tonne passte und warf sie einfach in die Landschaft. Genauso wie Einmalhandschuhe und Mund-Nasen-Schutzmasken. Unglaublich!

In der Futterspendenkiste hatte ich auch mal wieder einen Briefumschlag deponiert, den sich eine unserer Unterstützerinnen mitnehmen sollte, weil ich zu dem Zeitpunkt ihre Adresse noch nicht kannte. Ja, genau, der war geöffnet worden. Da muss jemand Geldscheine drin vermutet haben. Das war ein ziemlich dicker Umschlag, also hätten das einige Hunderter sein müssen. Als ob die jemand in eine jedermann zugängliche Kiste am Wegrand legt!

Die Kiste haben wir erst einmal weggenommen und Ende Juni wieder hingestellt. Die Einschränkungen waren zu dem Zeitpunkt nicht mehr so groß und die unliebsamen Besucher gingen wieder ihrem gewohnten Leben nach.

Besonders dreist waren die Mountainbiker, die auf das Gelände hinauf- und wieder herunterrasten, ohne sich an dem Schild „Privatgrundstück" zu stören. Von Rücksicht auf andere Menschen, kleine Kinder, deren Mütter ihnen diesen neuen Weg zeigten oder Tiere, keine Spur.

Es half da nur ein Zettel, der vor einer Nagelfalle warnte und eine rot-weiße Absperrung. Das hat sie vertrieben.

## Die Füchse, die Dachse und die Hunde

Neben den Füchsen, die unsere Wildkamera schon oft an den Futterstellen beobachten konnte, gab es inzwischen auch zwei Dachse. Mittlerweile sind sie zu dritt, und auch die Füchse haben einen Nachwuchs.

Die Wildtiere kommen natürlich zu den Futterstellen, die ja zu ihrem Revier gehören. Sie wissen auch, dass sie dort Wasserschüsseln finden. Besonders die beiden extrem trockenen Sommer 2018 und 2019 haben dazu beigetragen, dass die Futterstellen von Wildtieren aufgesucht werden. 2019 gab es eine regelrechte Elstern-Invasion. Eine hat sogar versucht, in einer Wasserschüssel zu baden. Silvia hatte sie dabei ertappt. Die Not bei den Tieren, mit der Hitze zurechtzukommen, war einfach sehr groß.

Wie schon erwähnt, müssen die Grabungen der Dachse direkt an der Futterkiste immer wieder mit Steinen abgedichtet werden. Und so sind wir Steineschlepper geworden. Immer, wenn wieder gegraben wurde, schleppen wir neue, möglichst schwere Steine herbei, um das so entstandene Loch abzudichten. Das Gute ist, dass auf dem Gelände überall Steine zu finden sind.

Apropos abdichten: Wenn Hunde die Möglichkeit haben, in die Gehege der Katzen einzudringen, dann finden wir am nächsten Tag zerfetzte Zeitungen, zerbissene Futterschüsseln und herumfliegendes Trockenfutter.

Und dann heißt es immer wieder Zaun abdichten, aber gegen das Rüberspringen großer Hunde beim Frechdachsgehege sind wir leider machtlos, denn in den steinigen Boden können wir keine langen Stangen reinkriegen, die wir für einen höheren Zaun brauchen würden. Da wäre es natürlich schon ganz schön, wenn die Hundehalter ihre Hunde unter Kontrolle hielten und immer wüssten, wo sich ihre Hunde aufhalten, und was die so treiben.

Ein Jungfuchs und seine fürsorgliche Mutter

## Charly war beim Tierarzt

Kater Charly kam in der Vergangenheit mal an eine Futterstelle, vielleicht am nächsten Tag nochmal, aber dann ließ er sich wochenlang nicht sehen. Und so dachte ich öfter mal: „Ach, wie sollen wir ihn bloß zum Tierarzt schaffen können?“

Es schien hoffnungslos, ihn einzufangen, aber dann, auf einmal, gewöhnte er sich an, regelmäßig an nur einer Futterstelle zu erscheinen. Und so überlegte ich mir mit Monika, wie wir ihn wohl „schnappen“ könnten, machte beim Tierarzt einen Termin aus und tatsächlich, es klappte.

Er wog 6,3 Kilo, hatte eine Zecke am Kopf und auf dem Rücken zum Schwanz hin verfilztes Fell, zu lange Krallen und drei faule Zähne. Die waren wohl der Grund dafür, dass er immer traurig und träge wirkend da saß und das ihm vor die Nase gestellte Futterschälchen nicht ansah.

Am 13. Mai wurde er behandelt. Er bekam die drei faulen Zähne gezogen, die Zecke entfernt, die Krallen geschnitten, und das verfilzte Fell wurde abrasiert.

Monika und ich brachten ihn im Transportkorb, in dem er auf einer weichen Decke saß, zur Futterstelle zurück, bereiteten eine Futterschüssel vor, gaben das Schmerzmittel darauf, das er noch ein paar Tage lang bekommen sollte und dann stellte Monika es hin und öffnete die Tür des Transportkorbs. Charly machte ohne Umschweife die Schüssel leer und nahm dann auch noch gern eine zweite. Und seitdem haben wir einen „neuen“ Charly.

Er ist jetzt an der Futterstelle der Chef und Lucy, die ihn früher gern mal anfauchte, hat richtige Angst vor ihm, denn wenn sie ihm zu nahe kommt, bezieht sie Prügel. Deshalb versteckt sie sich inzwischen, bis Charly seine Futterschüssel bekommen hat. Dann traut sich die arme Lucy auch wieder zu uns raus.

Charly hat neuen Lebensmut gefunden, lässt sich von uns sein weiches Fell streicheln und zeigt eine rührende Dankbarkeit. Eines Tages ist er hinter mir hergelaufen, hat sich immer wieder maunzend auf dem Rücken gewälzt und ist mir schließlich fast bis zum Auto gefolgt.

Das zu erleben, ist unbezahlbar und dafür geht jede und jeder von uns bei jedem Wetter zu den Katzen, um sie zu versorgen. Egal, wie nass oder schmutzig man hinterher ist. Mit Dusche und Waschmaschine ist das doch alles kein Problem.

Links zeigt Charly sein rasiertes Hinterteil. Rechts ist er zur Selbstbedienung übergegangen, weil ihm Irene nicht die richtige Vorspeise serviert hatte.

## Das war's, und wie wird es weitergehen?

Wir hoffen, dass es uns weiterhin möglich sein wird, diese freilebenden Katzen zu versorgen, denn sie sind immer auf das Wohlwollen einzelner Personen angewiesen, seien es Grundstückseigentümer oder Vertreter von Behörden. Rechte haben sie genauso wenig wie alle anderen Tiere in Deutschland.

Schön wäre es, wenn sich der Spruch, der noch in meinem Poesie-Album aus Kindertagen steht, im Tierschutzgesetz wiederfinden ließe:

Was du nicht willst, das man dir tu,

das füg' auch keinem Tiere zu.

An dieser Stelle geht ein riesiges DANKE an all' diejenigen, die uns tatkräftig mit Geld- und Futterspenden unterstützen.

Brigitte Regitz im Juni 2020